L'Astrologie
Naturelle

par

le C.te de Tressan

Paris, 1669,

V 1559 (2)

329. 26.

♈
♃. 13. 28.
☾. 7. 55. 29

1619. Augusti.

D. H. M.

♂ 27. 11. 34. P. M.

Ad Lat. 49.

⊕. 2. 33.

♄. 21. 20.
♒. 29. 32.

☊. 11. 37.

♌. 11. 37.
♒. 29. 32.

♐. 29. 32.

♋. 8. 16.
♀. 7.

☉. 2. 30.
18. 37.

☿. 29.

♀. 12. 47.

♉. 20

♎

LATITUDE DES PLANETES.

♄.	1.	26.	Meridionalis.
♃.	1.	34.	Meridionalis.
♂.	1.	4.	Meridionalis.
♀.	0.	27.	Septentrionalis.
☿.	0.	45.	Septentrionalis.
☽.	5.	4.	Septentrionalis.

Antiſces & Mouvemens.

♄	8.	40.	♋	Vîte
♃	16.	22.	♍	Retrograde
♂	17.	13.	♒	Vîte
☉	25.	58.	♈	Tardif
♀	21.	44.	♉	Vîte
☿	11.	23.	♈	Três-vîte
☽	22.	5.	♍	Mediocre

Des directions de l'Aſcendant.

A D

□	☽	9.	32.	▽	☽	48. 31.
⊖	♄	12.	31.	□	♂	55. 13.
▽	♂	15.	24.	▽	♃	56. 23.
✶	☿	22.	25.	☌	☉	84. 44.
☌	♀	48.	11.			

Les directions du milieu du Ciel.

A D

☍ ☿. 20. 25.		□ ♀. 66. 9.
□ ♄. 22. 47.		☍ ♂. 70. 32.
♂ ☽. 35. 48.		▽ ☿. 76. 43.
▽ ♀. 38. 9.		⊕ ♀. 79. 40.
⊕ ☿. 41. 43.		▽ ☉. 92. 37.
♂ ♃. 43. 44.		✶ ♀. 96. 41.
⊖ ☉. 54. 48.		□ ☿. 102. 48.
▽ ☉. 62. 20.		

Les directions de la Lune.

A D

▽ ☉. 23. 17.		♂ ♄. 66. 7.
☍ ♂. 29. 0.		□ ☽. 83. 0.

EXPLICATION

DE
LA FIGVRE.

CETTE Figure Celeste que nous apelons communément Naiſſance, n'eſt autre choſé que la veritable Peinture ou repreſentation en petit volume de l'eſtat & diſpoſition du Ciel au temps de la naiſſance de la perſonne. Elle eſt diviſée en douze maiſons, occupées des douze ſignes du zodiaque : & les Planetes y ſont logez ſuivant les ſuputations des Tables Rudolphines, les meilleures de toutes les Aſtronomiques.

Elle a eſté premierement dreſſée pour l'année 1619. le vingt-

ſettiéme jour d'Aouſt à onze
heures & demye apres midy : Et
puis corrigée & miſe à onze heures trente quatre minutes, par la
convenance de quelques effets
arrivez, avecque les cauſes de
quelques directions ſignalées.
Mais comme il n'y a rien de plus
important en la pratique de cette
ſcience que la veritable connoiſſance de la preciſion du temps:
Ie me tiendray à cette derniere
rectification, n'eſtimant pas la
pouvoir reduire à plus grande iu-
ſteſſe, par les difficultez qui naiſſent ordinairement en ces rencontres.

Ainſi ne pouvant apporter pour
le preſent autre remede à ces obſtacles, ie paſſeray aux iugemens
Aſtrologiques de cette Figure
Celeſte, conformément aux pre-
ceptes les plus exquis de la ſcience. Avec cette incertitude pour-

tant (par le doute de l'heure pré-
ciſe) de la veritable ſituation de
Saturne, Planete tres important:
lequel ne ſe trouvant éloigné de
l'Aſcendant, à raiſon de ſa latitude meridionale, que de ſix degrez
de l'Equateur, me met en peine
de ſçavoir bien certainement, s'il
eſt ou dans la premiere ou dans la
douziéme; maiſons de tres-con-
traire ſignification, & de nature
tres diſſemblable.

Ce que toutesfois eſſayant d'é-
claircir le mieux qu'il me ſera
poſſible, ie commenceray à remarquer par ordre les principales
ſignifications & grandes promeſſes de cette naiſſance, ſans conſiderer les actions des Aſtres & du
Ciel, que comme des cauſes ſecondes, naturelles & ſuperieures, agiſſants ſur nos corps par
l'alteration qu'elles apportent
aux Elemens, ſur nos Eſprits, par

l'affinité des qualitez de la matiere ; & ſur nos fortunes , par une
ſecrette influence à nous incon-
nuë.

Du Temperament.

Le Temperament n'eſt autre
choſe que le mélange des qualitez naturelles, & des humeurs
elementaires : formant la bonne
ou la mauvaiſe conſtitution des
corps. Mais quoique la nature
de cette complexion ſuive ordinairement celle des Parens, & de
la nourriture des premieres années de la vie : les Aſtres ne laiſſent pas d'y contribuer beaucoup
par leurs qualitez & par leurs influences.

Et venant aux particulieres ſignifications de cette naiſſance,
j'eſtime que le Temperament de
cette Illuſtre Princeſſe doit eſtre
ſanguin, tirant ſur le melancoli-

que. Mélange ſi heureux & complexion ſi avantageuſe, que ſuivant l'opinion des plus grands
Philoſophes, il ne s'en peut ſou-
haitter une plus parfaite ; ſoit
pour la beauté & la bonne diſpoſition du corps, ſoit pour les bonnes mœurs, l'excellence de l'eſprit, & la perfection de l'ame.

Les conjectures s'en tirent, premierement pour le Temperament ſanguin des Gemeaux & de
l'Ecreviſſe en l'Aſcendant, & de
la Lune dans le Bellier pleine de
lumiere, iointe à Iupiter, & au
Trine partil de Venus. Signes &
Planetes doüez de chaleur ou
d'humidité, ou de ces deux qualitez enſemble. Et pour le melancolique en ſecond lieu, de Mercure ſeigneur de la pointe de la
premiere maiſon, dans la Vierge,
ſans aſpects d'autre Planete ; & de
Saturne proche de l'Aſcendant,

à raison de leurs qualitez froides & feiches.

De la Beauté.

La Beauté est le don le plus avantageux que les Dames puissent avoir ; leur empire en est plus souverain , & leur puissance moins tyranique par le consentement universel de tous les cœurs. Les indices s'en tirent icy de mesme que ceux du Temperament; à sçavoir de l'Ascendant, de son Seigneur, de la Lune, & des Planetes qui les regardent. De sorte que si nous voulons considerer les causes qui s'en treuvent en cette Naissance, nous les marquerons entierement conformes à l'éclat de cette Illustre Princesse. Car les Gemeaux en la pointe de l'Ascédant, sans mauvais aspect des Planetes; Mercure dans la Vierge loing des rayons du Soleil, & la Lune sur la terre de nuict, pleine de lumiere, & jointe à Iupiter, denotent une tres-rare & tres-parfaite beauté, la taille avantageuse, la presence admirable, la blancheur du teint sans égale, les cheveux blonds, & l'embonpoint en toute la personne.

Outre ces merveilleuses marques tirées de l'heureuse disposition de ces trois significateurs, les favorables aspects des autres Planetes, rendent encore cette beauté plus acomplie : & luy donnent des qualitez tres-convenables au rang & à la dignité de la personne. Car de la conjonction de Iupiter à la Lune procedent la douceur, la modestie, la gayeté & la bien-seance. De la Lune au trine partil de Venus, & de Venus en aspect de Mars : les charmes, les attraits, la bonne grace & l'agrea-

ble diſpoſition aux honneſtes e-
xercices. De Mercure Seigneur
de l'Aſcédant à l'antiſce de Iupiter, & tres-heureuſement conſti-
tué en cette naiſſance, la vivacité,
& la gentilleſſe : Et de Saturne
proche de l'Aſcédant en ſa triplicité, vîte en ſon mouvement,
oriental, & loing des rayons du
Soleil : la Severité, la Triſteſſe,
& la Gravité maieſtueuſe ; &
quelquefois la Palleur, à raiſon
de la froide nature de ce Planete,
temperant l'exceſſive couleur qui
pourroit arriver au viſage de la
Perſonne par l'abondance du
ſang, provenant des Gemeaux à
l'Aſcendant & de la conjonction
de Iupiter à la Lune.

De la Santé.

Les Significateurs de la Santé
ſont les meſmes que ceux du

Temperament, de la Beauté &
de la bonne complexion du
corps : Tellement que ſans parler
davantage de leur puiſſante &
bonne diſpoſition en cette figure,
je puis conclure que la Santé de
cette Illuſtre Princeſſe, ſera toû-
iours tres-parfaite, de longue
durée, & ſujette à peu de maladies. Car l'heureuſe & la forte
conſtitution de la Lune en cette
naiſſance, dénote la puiſſance des
facultez, vegetative & ſenſitive:
les Gemeaux en l'Aſcendant, &
Iupiter conioint à la Lune ; l'a-
bondance du ſang, l'heureuſe
compoſition des humeurs, & les
bons principes des facultez naturelles, par la bonne diſpoſition
des parties nobles. Le Soleil dans
un angle heureux par la felicité
de Mercure ſon diſpoſiteur, &
loing des mauvais aſpects des Planetes infortunez : la force & la vi-

gueur des eſprits qui conſervent
la vie. Et Saturne peu éloigné de
l'Aſcendant, fortifié des prero-
gatives déja dites ; la fermeté des
parties ſolides du corps, la durée
de la ſanté, la puiſſance de l'humeur mélancolique, & de toutes
les parties qui en dépandent.
Mais comme les plus parfaites
ſantez ſont quelquefois alterées
par l'abondance des humeurs, ou
par l'excés d'une trop bonne
complexion : cette Illuſtre Princeſſe en doit prévenir les incon-
veniens par ſa prudence, en mo-
derant par un doux regime de
vivre, l'abondance du ſang, ſi-
gnifiée par la conjonction de la
Lune à Jupiter, & par réjoüiſſan-
ces & autres honneſtes divertiſſe-
méns, l'excés de la melancolie,
cauſée par le voiſinage de Saturne à l'Aſcendant.

Des Mœurs.

Quoique les bonnes & les mauvaiſes mœurs dépandent abſolument d'une volonté libre & ſans contrainte : les Philoſophes & les Theologiens ne laiſſent pas de les attribuer en partie aux cauſes naturelles, ſoit prochaines comme du Temperament, ſoit éloignées comme des Aſtres. Elles ſont conſiderées dans le mélange des paſſions de l'ame naturelle & des inclinations de l'ame ſuperieure : d'où naiſſent les vertus & les vices, ſelon la force ou la foibleſſe de l'une & de l'autre de ces deux parties. Et ſi nous en recherchons les cauſes en cette naiſſance, nous les trouverons entierement conformes aux belles qualitez de l'ame de cette Illuſtre Princeſſe, à ſa grande reputation, & à ſa bonne renommée.

La Lune préſide ſur l'ame in-
ferieure, Mercure ſur la ſuperieure, & par leur convenance en
cette figure (eſtans ces deux Planetes ſeigneurs de l'Aſcendant &
en antiſce l'un de l'autre) : Ils
promettent une douce & paiſible
intelligence entre l'ame & le
corps, entre la raiſon & les inclinations; & peu de reſiſtance du
coſté des paſſions naturelles par
la forte conſtitution de Mercure,
Seigneur de la pointe de la premiere maiſon.

Les conjectures des autres diſ-
poſitions aux habitudes des vertus ſe tirent encore du mélange
des regles ſuivantes. La Lune &
Iupiter conioints dans un ſigne
de Mars, & en la onziéme, Digni-
fiez dans la premiere, ſeconde &
dixiéme maiſon, au trine de Venus, heureuſement diſpoſez, &
ſans mauvais aſpect des Planetes

infortunez, inclinent à la bonté, à
la douceur, au repos, à la ſageſſe,
& à la modeſtie, donnent le courage, l'ambition & le deſir de
gloire, & font la perſonne hon-
neſte, vertueuſe, prudente & li-
berale, aimant la converſation,
les divertiſſemens, la propreté &
la magnificence.

Mercure, Seigneur de la pointe
de l'Aſcendant ſous la terre, en la
Vierge, & au ſeul aſpect de Saturne; & Saturne proche de l'angle Oriental, ſeigneur du milieu
du Ciel, ſans regard des autres
Planetes, tous deux heureuſement diſpoſez, & puiſſants en
cette figure: portent à la prudence, à la ſeverité, à la conſtance, à
la ſolitude & au ſilence; & rendent la perſonne grave en ſes a-
ctions, ferme en ſes deſſeins,
couverte en ſes penſées, curieuſe des ſecrets, cupide des honneurs

nêurs, & capable des grandes
choſes.

Mars en ſes dignitez, & Venus
dans le Lion ſigne du Soleil, tous
deux ſans aſpect & ſans pouvoir,
ny dans la premiere maiſon, ny
dans la deuxiéme, ny meſme aux
lieux de Saturne & de Mercure
puiſſans en l'Aſcendant : ne cho-
quent point ny la vertu ny la pu-
deur naturelle de cette Dame, &
ne troublent point ſes honeſtes
inclinations déja remarquées par
la licence & les libertez qu'ils apportent ordinairement dans les
mœurs quand ils ſont mélangez
avec les principaux ſignificateurs
de la figure.

La Lune conjointe à Iupiter,
rend en quelque façon la perſonne inſenſible, Saturne proche de
l'Aſcendant, mépriſante; & Mercure, comme il eſt icy configuré,
dédaigneuſe : d'où viennent en

cette Illuſtre Princeſſe les appa-
rences de préſumer de ſa beauté,
de ſon eſprit & de ſa fortune, de
deſirer les honneurs, les reſpects
& les ſoins, & d'avoir peu d'amitié & beaucoup d'indiference. Et
certes avecque raiſon, fondée ſur
la connoiſſance de tant de Vertus
& de tant de merites.

Mars dans un ſigne fixe & ſans
commerce avec les principaux ſignificateurs des mœurs. Saturne
proche de l'angle d'Orient ſans
regard des Planetes benins, &
Mercure ſeigneur de l'Aſcédant
au ſeul quarré de Saturne, émeu-
vent dificilement la colere, font
durer les reſſentimens, & rendent
la perſonne ſenſible aux déplaiſirs & aux choſes fâcheuſes.

Et finalement l'heureuſe conionction de la Lune à Iupiter, diſpoſiteur en partie de la premiere
& dixiéme maiſon ; la bonne diſ-

poſition de Saturne, ſeigneur du milieu du Ciel & de la neuviéme; la preſence de Venus en la troiſiéme dans les dignitez du Soleil; & la Lune, l'Aſcendant, & Mercure ſon Seigneur, ſans aſpect de Mars: inclinent à la Pieté, à la Religion, à la bonne conſcience, & au reſpect des choſes ſaintes & ſacrées; mais ſans foibleſſe & ſans ſuperſtition, par la forte conſtitution de Mercure, ſeigneur de la pointe de l'Aſcendant, & en aſpect ſeulement de Saturne.

De l'Eſprit.

La connoiſſance des bonnes qualitez de l'eſprit s'aquiert auſſi dans la recherche des meſmes cauſes naturelles : car bien que ſon eſſence ſoit purement intellectuelle, il ne peut agir toutefois ſans le miniſtere des ſens corpo-

rels, ny ſans les organes materiels
neceſſaires à ſon uſage. Tellement que ſans parler des avantages que l'eſprit de cette Illuſtre
Prin..ſſe reçoit (ſuivant mes pre-
cedantes remarques) de ſon temperament ſanguin tirant ſur le
melancolique, ie paſſeray en la
conſideration des influences du
Ciel ſi favorables à ſon entendement incomparable.

Mercure eſt le principal ſignificateur de l'Eſprit; en ſecond lieu
la Lune par le pouvoir qu'elle a
ſur le cerveau, ſiege de l'ame raiſonable ; & puis Saturne, Pere de
la contemplation, leſquels eſtans
bien ou mal diſpoſez, infortunez
ou favoriſez par les autres Planetes & configurez ou ſans mélange avec l'Aſcédant ſon ſeigneur,
le milieu du Ciel, & la Lune,
produiſent les admirables diver-
ſitez que nous voyons avec éton-

nement dans les actions les plus nobles des hommes.

Venant donc aux particulieres ſignifications de cette naiſſance, j'eſtime que le grand Eſprit de cette Illuſtre Princeſſe doit eſtre jugé par le mélange de ces avantageuſes remarques.

Les Gemeaux en la pointe de l'Aſcendant, & Mercure ſon diſpoſiteur dans la Vierge, en ſes dignitez eſſentielles, dans un angle, vîte en ſon mouvement, loing des rayons, & Occidental du Soleil, & en aſpect de Iupiter & de Saturne, rendent l'eſprit excellent, ſubtil, intelligent, & propre aux ſciences, heureux à penetrer, à diſcerner, & à juger de toutes choſes, curieux des belles & ſecrettes connoiſſances, & prudent & diſſimulé en toute ſa conduitte.

La Lune, Dame en partie de l'Aſ-

cendant, pleine de lumiere dans
la onziéme, iointe à Iupiter & au
trine partil de Venus ; le fait encore excellent, docile, prudent
& sincere, heureux en ses conseils
& de bonne renommée. Et Saturne seigneur du milieu du Ciel
proche de l'Ascendant dans les
Gemeaux, signe de Mercure, en
sa triplicité, vîte en son mouvement, Oriental & loing des rayons du Soleil : ferme, solide, pe-
netrant, couvert & prevoyant,
profond en ses pensées, & con-
stant en ses opinions.

Ces belles & rares configura-
tions marquent encore un iudi-
cieux entendement, une heureuse memoire, une prompte imagi-
nation, & rendroient la personne
capable des choses les plus grandes & les plus relevées : si la condition de son sexe, la conionction
de la Lune à Iupiter, & la situa-

tion de Mercure ſous la terre au
quarré de Saturne, ne la rete-
noyent dans les bornes d'une ambition plus moderée, & dans les
termes d'une activité moins écla-
tante.

De la Fortune en general.

Nous comprenons dans ce nom
general de Fortune tous les accidens bons & mauvais qui nous
arrivent du côté des choſes exterieures : par leſquels la vie eſt
communément dite heureuſe ou
malheureuſe, en chacun ſelon la
portée de ſa condition & de ſa
naiſſance. Car nous n'apelons
point un Roy heureux pour eſtre
né Roy, ny un marchand malheureux pour eſtre né marchand:
mais heureux ou malheureux ſelon les bons & les mauvais évenemens qui arrivent ; au Roy

dans le gouvernement de ſon Etat, & au marchand dans la conduite de ſes affaires. Et parce que tout ce qui eſt en uſage parmy les hommes, ou qui tombe en la puiſſance de leur action, ne ſont que des effects ordinairement produits de l'art & de la nature : les Philoſophes en recherchent auſſi la connoiſſance dans les cauſes ſecondes, naturelles & ſuperieures.

La premiere regle qu'ils en donnent, eſt de conſiderer l'univerſelle diſpoſition de la figure Celeſte : pour en tirer les coniectures du bonheur ou du malheur en general, & de la force ou de la foibleſſe de toutes les parties de la naiſſance. Mais comme il eſt tres-difficile tant par les diverſes qualitez des Planetes, des aſpects, & des maiſons ; que par tant de variables & perpetuels mouvemens,

mens, de trouver des figures en-
tiérement bonnes ou entiére-
ment mauvaiſes : il ne ſe voit que
rarement de belle vie ſans traverſes, ny de grande infortune ſans
quelque eſpece de conſolation.

Venant donc à ces premieres &
generales ſignifications par la curieuſe recherche de l'état des
Planetes & des maiſons de la figure : j'eſtime que le cours de la
vie de cette Illuſtre Princeſſe doit
eſtre long, heureux & remarqua-
ble, plein de repos, de contentement & de ſatisfaction, & com-
blé d'honneur, de gloire & de
ſuccés avantageux à ſa fortune.
Par la bonne diſpoſition

De Saturne dans les Gemeaux,
ſur la Terre, en ſa triplicité, direct, vîte en ſon mouvement,
Oriental, loin du Soleil, & ſans
aſpect de Mars.

De Iupiter ſur la Terre, en ſa

triplicité, dans la onzième, en bon aſpect de Venus & de Mercure, hors des rayons & libre des mauvais regards des Infortunes.

De Mars en ſa maiſon, en ſa triplicité, dans la cinquiéme, en aſpect de Venus, libre des rayons du Soleil, & des mauvais regards de Saturne.

Du Soleil, dans un Angle, en la quatriême maiſon, exemt des mauvais rayons des Planêtes maleſiques, Saturne & Mars, & dans les dignitez de Mercure ſon diſpoſiteur puiſſant en la figure.

De Venus, en la troiſiême, dans les dignitez du Soleil, vîte en ſon mouvement, loin des rayons, & en bon aſpect de Iupiter.

De Mercure, en ſes dignitez eſſentielles de maiſons, & d'exaltation, dans un Angle, Occidental, direct, tres vîte en ſon mouvement , & à l'Antiſce de Iupiter.

De la Lune luminaire du temps, ſur la terre , de nuit pleine de lumiere , appliquant à la favorable conjonction de Iupiter , & au trine partil de Venus Planetes benefiques , dans la onziême maiſon , libre de combuſtion & des regards des Infortunes, & Mars ſon diſpoſiteur en ſes dignitez eſſentielles.

Et du neud aſcendant de la Lune dans un Angle de la figure.

De la premiére Maiſon ou Aſcendant , ſous la puiſſance de Mercure , de la Lune , & de Iupiter, Seigneurs des Gemeaux & de l'Ecreviſſe qui eſt trés puiſſante en cette Naiſſance.

De la dixiéme en partie, & de la ſeconde , ſous la domination de Iupiter , de Venus, & de la Lune.

«De la ſettiéme,à raiſon du neud Boreal, & du ſagitaire ſigne de Iupiter qui en ocupe la pointe.

De la onziéme, trés avantageuſement favoriſée par le ſigne des poiſſons, dignité des benefiques: & par la belle conjonction de la Lune à Iupiter, au trine aſpect de Venus.

De la troiſiéme & de la quatriéme, ſous la puiſſance du Soleil, & en partie de Mercure; & favoriſées par la preſence de Venus & de ces deux Planetes fortunez.

Et de la cinquiéme, ſous la domination de Mercure, puiſſant dans un angle & de Mars en ſes dignitez eſſentielles.

Tous leſquels avantages promettent encore à cette Illuſtre Princeſſe, une grande, longue & ample Fortune, & beaucoup au deſſus de ſon rang: ſans autres traverſes que les impuiſſantes oppoſitions & inutiles retardemens, cauſez quelquefois par Saturne aux Gemeaux, dans la douziéme maiſon, Seigneur du milieu du Ciel, de la huitiéme, & de la neuviéme par Mercure diſpoſiteur de l'Aſcendant, ſous la terre, appliquant à l'aſpect quarré de Saturne. Par la partie de fortune dans la huitiéme au ſigne du verſeau; & par le neud auſtral de la Lune dans la premiére maiſon.

Mais des obſtacles ſi foibles contre tant de belles & grandes ſignifications, ne peuvent apporter que de legers empéchemens: Puis que la ſeule conjonction de la Lune à Iupiter n'eſt que trop ſuffiſante pour en vaincre les difficultez, & donner des ſuccez avantageux en toute ſorte de rencontres.

Des Richeſſes.

Les premiers biens qui nous viennent du coſté des choſes exterieures ſont les Richeſſes, puis qu'elles ſont également neceſſaires, & à la conſervation & à la felicité de la vie. Les ſignifications s'en tirent de la ſeconde maiſon, parce qu'elle ſuit immediatement la premiere, de Iupiter le plus favorable de tous les Planetes; & de la Lune par le pouvoir qu'elle a generalement ſur tout ce qui nous regarde, tellemẽt que ſans parler davantage des raiſons de tant de longues experiences, i'expoſeray en cét endroit, les grandes & les belles promeſſes du Ciel, en faveur des Richeſſes de cette Illuſtre Perſonne.

La ſeconde maiſon ſans mau-

vais regard des Planetes malins
au ſextil aſpect de Mercure Seigneur de l'Aſcendant, & ſous la
puiſſance de la Lune, & de Iupiter conjoints & heureuſement
diſpoſez. Iupiter ſur la terre, en
ſa triplicité dans la onziéme, Seigneur en partie de la dixiéme &
de la ſeconde, exalté dans la premiere, en bon aſpect de Mercure
& de la Lune Seigneurs de l'Aſcédant, au trine de Venus libre de
combuſtion & des mauvais rayõs
des Planetes infortunez. La Lune ſur la terre dans la onziéme
maiſon, plene de lumiere appliquant à Iupiter & au trine de Venus, ſans aſpect des malefiques,
Dame de la ſeconde, & en partie
de l'Aſcendant, & Mars diſpoſiteur de la Lune & de Iupiter,
dans la cinquiéme & en ſes dignitez eſſentielles. Promettent
une libre & longue poſſeſſion des

biens naturellement acquis, donnent de grandes & abondantes
Richeſſes, marquent un perpe-
tuel accroiſſement des moyens,
& font eſperer une continuelle
affluence de toutes choſes.

Ils ſignifient encore la magnificence des ameublemens, la
pompe de la dépence, le brillant
éclat des ornemens, & la Richeſſe de la parure. Et certes avec excez, mais Saturne Seigneur du
milieu du Ciel dans la douziéme
maiſon proche de l'angle Oriental, & Mercure Seigneur de l'Aſcendant ſous la terre & en mauvais aſpect de Saturne, tous deux
ſans regard des Planetes fortunez : en retranchent les ſuperflui-
tez par une loüable moderation,
& par une prudente Oecono-
mie.

Enfin Iupiter Seigneur de la
pointe de la ſettiéme, & dans la

onziéme maiſon , montre que
ces grandes Richeſſes viendront
en partie du côté du mariage , &
la puiſſante diſpoſition de la Lune Dame de la ſeconde, auſſi
dans la onziéme ; par la faveur &
la bienveillance des Reines &
des grandes Princeſſes.

Des heritages.

Les autres biens apres les Ri-
chèſſes ſont les ſtables & permanens, comme heritages, poſſeſ-
ſions, domaines, & patrimoines,
ſignifiez par la quatriéme maiſon,
parce qu'elle eſt la partie du Ciel
la plus profonde ſous la terre.
Son heureuſe diſpoſition eſt ſinguliére en cette figure, & ſes a-
vantageuſes faveurs ſe con-
noiſſent dans les regles ſuivantes.

Les Seigneurs de la quatriémē

maiſon & leurs diſpoſiteurs dans la quatriéme ; comme auſſi le Lion & la Vierge ſignes ſolaire, & terreſtre, le Soleil en la Vierge, dans l'angle de la terre, Seigneur de la Pointe de la meſme maiſon, heureux par la felicité de Mercure ſon diſpoſiteur, & ſans mauvais regard des Infortunes : Et Mercure Seigneur de l'Aſcendant du Soleil & de la quatriéme dans le meſme Angle, en ſes dignitez eſſentielles, Occidental, vîte en ſon mouvement, libre des combuſtions, & à l'Antiſce de Iupiter ; promettent à cette Illuſtre Princeſſe des amples Domaines, de grands heritages, de longues étenduës de terre, & la poſſeſſion de pluſieurs villes, Châteaux & Palais magnifiques.

Ils dénotent auſſi l'amour que cette belle ame aura quelquefois, pour la beauté des bâtimens, pour l'embelliſſement des iardins, pour la ſolitude de la campagne, & pour les agréables ſoins de l'Agriculture.

Mais comme le Soleil autheur de ces belles promeſſes eſt le principal ſignificateur des maris en la Naiſſance des Dames ; & que Mercure ſe trouve icy Seigneur de l'Aſcendant ; les favorables effets en doivent arriver en partie dans le bon-heur du mariage, où pour la conſideration des propres merites de la perſone.

Des Honneurs.

Les plus beaux preſens de la fortune aprês les biens, ſont les honneurs, les dignitez, & la gloire.

Les conjectures s'en tirent en cette ſcience de la dixiéme maiſon pour eſtre la plus élevée ſur la terre, d'où vient qu'elle eſt encore apellée l'angle du milieu du Ciel; de la bonne diſpoſition du Soleil, pour l'éclat & la grande lumiere de ce Planete incomparable, & de l'état de la Lune par le bon-heur ou mal heur qu'elle aporte dans les actions & en la renommée, ſelon ſa favorable ou mauvaiſe ſituation. De ſorte que ſans m'arreſter davantage aux diſcours du Principe par nous étably en cét ouvrage ſur le ſujet de la fortune en général, ie rechercheray maintenant ce que le Ciel promet de plus avantageux à cette Illuſtre Princeſſe en ce rencontre.

Saturne Seigneur du milieu du Ciel, & proche de l'angle d'Orient à raiſon de ſa latitude meridionale, en ſa triplicité, vîte en ſon mouvement, loin des rayõs

& Oriental du Soleil, promet
des honeurs permanens & de
l'authorité dans le monde; mais
avec du retardement & de la moderation par la ſituation de ce
Planete dans la douziéme maiſon
de la figure. Il denote auſſi que
les actions de cette Illuſtre Princeſſe ſeront ſeveres, & ſon Empire quelquefois rigoureux.

Iupiter Seigneur en partie de la
dixiéme maiſon, en ſa triplicité,
ſur la terre, dans la onziéme, libre de combuſtion, & des regards
des Infortunes, au trine de Venus,
exaltée dans le milieu du Ciel,
ioint à la Lune & en Antiſce de
Mercure Seigneur de l'Aſcendant, donne de grands honeurs,
des amples dignitez, des illuſtres
emplois & une puiſſance de longue durée, accompagnée de moderation & de Iuſtice. Il marque
auſſi le bon-heur continuel dans

les actions , la prudence & la ſa-geſſe dans les conſeils, la bonne reputation & l'eſtime de tout le monde.

· Le Soleil dans un angle , ſans mauvais aſpect des malefiques, & dans les dignitez deMercure Seigneur de l'Aſcendant, & puiſſant en cette naiſſance rend la perſone illuſtre & recommandable, ſans contribuer toutesfois de beaucoup à ſes dignitez,pour être ce Planete directement oppoſé à l'angle du milieu du Ciel, auquel il eſt peu favorable : à raiſon du ſigne du verſeau , contraire à ſes dignitez eſſentielles.

· Et la Lune plene de lumiére ſur la terre, de nuit, jointe à Iupiter Seigneur de la dixiéme,au trine de Venus, loin des rayons du Soleil, ſans regard des Infortunes, & Mars ſon diſpoſiteur bien diſpoſé : Promet un continuel

bon-heur dans les actions & dans
les ſuccez des choſes entrepriſes,
élêve dans les honeurs, les dignitez, & les emplois, porte dans
les grandes negociations, & dans
les intrigues des affaires les plus
importantes ; & donne par un favorable applaudiſſement, & par
une publique aprobation, le grãd
êclat de la reputation & de la renommée.

Du mélange deſquelles significations, on peut tirer des indices
tres avantageux pour les honeurs, les dignitez & la gloire de
cette Illuſtre Princeſſe, conformément à la condition de ſon
ſêxe & beaucoup au deſſus du
rang de ſa naiſſance.

Des Amis.

Rien ne ſe pouvant executer
ſans l'entremiſe des hommes, les

Rois, & les Princes les plus puiſſans ne ſçauroient même ſe paſ-
ſer des bons offices de leurs amis,
ny de l'aſſiſtance & fidelité des
perſonnes qui leur ſont les plus
affectionnées. D'où vient que l'u-
ne des plus conſiderables maiſons
de la figure eſt la or ziéme : du
bon-heur ou du malheur de la-
quelle ſe tirent les conjectures
des favorables ou des mauvaiſes
amitiez.

Examinant donc en cette Naiſſance quelle eſt ſon influence ſur
un ſujet ſi important à la conſolation de la vie, & pour la fortune
du monde, nous en viendrons
aux regles ſuivantes.

La Lune, Dame de l'Aſcen-
dant, en la onziéme, forte & puiſſante à raiſon de ſa bonne diſpoſition dêja tant de fois remar-
quée : Promet à cette Illuſtre
Princeſſe l'affection, la faveur, &
l'ami-

l'amitié des Reines, des grandes Princeſſes, des Dames de condition, & de la populace dont les factions ſont quelquefois avantageuſes.

Iupiter dans la maiſon des amis, diſpoſiteur du milieu du Ciel & de la pointe de la onziéme, en favorable aſpect des Seigneurs de l'Aſcendant, puiſſant en la figure par tant de prérogatives dêja mentionées & dans un ſigne de Mars ; denote l'affection, la fidelité & la ſervitude d'un grand nombre de perſones de condition, d'authorité, de courage, de prudence, & de merite. Et fait eſperer la protection des Rois, & des puiſſances ſouveraines.

Venus dans le Lion, en la troiſiéme, au trine partil de la Lune & de Iupiter, & dignifiée dans les poiſſons, & le Taureau ſignes de la onziéme maiſon : marque

l'amitié, les devoirs & la complaiſance d'une infinité de ieunes &
belles Dames dont la douceur &
la converſation ne ſeront pas
moins agréables à cette Illuſtre
Princeſſe, que les offices avantageux de ſes autres Partiſans,
en faveur de ſa gloire, de ſa gran-
deur, & de ſa fortune.

Et enfin Mars Seigneur en partie de la onziéme maiſon, & de
la belle conjonction de la Lune
& de Iupiter, & Mercure diſpoſiteur de l'Aſcendant, tous deux
en leurs dignitez eſſentielles,
puiſſans & en de bons lieux de la
figure, ſignifient encore, l'eſtime, le reſpect, & l'obeïſſance
des hommes de grand cœur & de
grand eſprit, genereux, fideles
& intrepides.

Du Mariage.

Les significations du Mariage se tirent de la settiéme maison, Angle Occidental de la figure : & puis du Soleil en la Naiſſance des Dames comme de la Lune en celle des hommes. Et parce qu'en cét endroit, le Ciel n'eſt pas moins favorable qu'ailleurs; nous verrons icy tout d'une suite la convenance des causes ſuperieures avec les beaux effets dêja ſurvenus, & la continuation du même bon-heur que cette Illuſtre Princeſſe en doit attendre.

Iupiter Seigneur de la pointe de la settiéme, en ſa triplicité, ſur la terre, au trine de Venus, libre de combuſtion & des regards des malefiques, dignifié dans la premiére, ioint à la Lune & à l'Antiſce de Mercure, diſ-

poſiteurs de l'Aſcendant. Le Soleil dans un angle au trine partil
de la ſettiéme maiſon, & au ſextil de la premiére dans les dignitez de Mercure Seigneur de
l'Aſcendant. Et Saturne Seigneur de la ſettiéme en partie,
proche de l'Angle Oriental puiſſant en cette naiſſance, diſpoſiteur du milieu du Ciel, & de la
neuviéme maiſon : denotent l'effet infaillible d'un grand & heureux mariage ; mais avec un peu
de retardement & de difficulté ;
à raiſon de la peſanteur de Saturne & de ſon Quarré à Mercure
Seigneur de l'Aſcendant.

Ces trois Planetes ainſi diſpoſez en cette figure, peuvent encore ſignifier plus d'un mariage,
ſi les inclinations de la perſone
n'y repugnent, ou que la bonne
Naiſſance du mary plus forte
pour luy que toute autre cauſe
n'y ſoit contraire.

Quant aux grandes & belles qualitez du mary, elles ſe conoiſſent en cette maniére. Le Soleil dans un angle, le marque illuſtre & de condition ; dans la Vierge, ſpirituel & prudent; en ſextil de Mars, vaillant & genereux; & dans la quatriéme avec Mercure ſon diſpoſiteur, puiſſant en domaine & en heritages.

Iupiter dans un ſigne de Mars le dénote honeſte, courageux & magnanime; en Antiſce de Mercure ioint à la Lune, ſage, intelligent, & raiſonable; au trine de Venus affable, civil & complaiſant: Seigneur en partie de la ſeconde. Riche, liberal, & magnifique: diſpoſiteur de la dixiéme, grand en nobleſſe & en dignitez politiques & militaires: & dans la onziéme conjoint à la Lune, puiſſant par un grand nombre d'amis, non moins conſiderables par leur authorité que par leurs Naiſſances.

Et Saturne Seigneur du milieu du Ciel, & de la neuviéme maiſon proche de l'Aſcendant, le ſignifie puiſſant en authorité, illuſtre en negociations & ambaſſades, ferme, prudent & quelquefois ſevere & imperieux.

Et pour ce qui regarde la bone intelligence dans le mariage: les conjectures s'en tirent auſſi des mêmes ſignificateurs en cette ſorte.

Le Soleil en favorable aſpect de l'Aſcendant, & dans les dignitez de Mercure ſon diſpoſiteur: la denote parfaite & de longue durée. Le ſemblable ſe conoiſt encore, de l'heureuſe conjonction de la Lune Dame de l'Aſcendant, & de Iupiter Seigneur de la ſettiéme; leſquels pour être Planetes benins, & dans la on-

ziéme maiſon marquent de plus
une longue & reciproque amitié
acompagnée de bonté, de douceur & de complaiſance.

La méme convenance ſe pren-
droit auſſi de Saturne, diſpoſiteur de la ſeptiéme dans l'angle
d'Orient, ſi Mercure Seigneur
de l'Aſcendant, bleſſé par ſon aſpect malin n'en faiſoit aprehender le contraire.

Des Enfans.

La veritable conoiſſance du
nombre à peu prés & de la qualité des enfans, ne ſe peut avoir
raiſonablement en cette ſcience
que par la conſideration des naiſſances du mary & de la femme,
& partant n'eſtimant pas devoir
remarquer qu'en peu de paroles
ce que la bone diſpoſition de la
cinquiéme maiſon de cette figu-

re promet ſur ce ſujet du côté de cette Illuſtre Princeſſe : i'expliqueray les regles ſuivantes.

La Vierge en la pointe de la cinquiéme maiſon, & Mercure ſon diſpoſiteur, & Seigneur de l'Aſcendant dans le meſme ſigne, Venus, Dame en partie de la cinquiéme dans le lion, en bon aſpect de Iupiter & de la Lune Dame de l'Aſcendant, Mars en la meſme maiſon dans un ſigne humide, & en aſpect de Venus, & auſſi la Lune Dame de l'Aſcendant, iointe à Iupiter, & au trine partil de Venus : denotent une raiſonnable fecondité, & le nombre des enfans mediocre, par le mélange de ſes divers ſignificateurs.

Et quant aux qualitez que ces Illuſtres Enfans retiendront du côté de leur glorieuſe mere, il en faut tirer les conjectures des meſmes

meſmes ſignificateurs. Car Mercure Seigneur de pointe de la cinquième maiſõ, en ſes dignités eſſentielles, dans un Angle Occidental, vîte en ſon mouvement, Seigneur du Soleil & de l'Aſcendant : les marque ſpirituels, heureux, & recommandables, Mars, en ſes dignitez eſſentielles, dans la cinquiéme, en aſpect de Venus, du Soleil, & Seigneur de la Lune & de Iupiter: vaillans, adroits, illuſtres, genereux, & magnanimes. Et Venus, Dame auſſi de la même maiſon, dans les dignitez du Soleil, au trine de Iupiter & de la Lune; beaux, honeſtes, courtois, complaiſans, & affables.

Des Voyages.

Puis que les conjectures des Voyages ſe tirent de la neuviême

maiſon, & de la troiſiême qui luy
eſt oppoſée : je chercheray, en cét
endroit, tout ce qui tombe ſous
la puiſſance de leur action, ou
qui dépend de leur bone ou mauvaiſe influence.

La neuviême, ſignifie les grans
voyages, les dignitez Eccleſiaſti-
ques, les Navigations, les Ambaſſades & le maniment des
grandes affaires : dont il arrive
ordinairement de grands avantages dans la fortune des hommes.
De ſorte que tant par la condition d'un ſexe ſi peu convenable
à ces emplois, que par Saturne en
cette figure ſeul Seigneur de la
neuviême maiſon dans la douziéme : i'eſtime que le bon-heur de
cette Illuſtre Princeſſe eſt mediocre en ce ſujêt. Car bien que
ce Planete ſoit diſpoſiteur du milieu du Ciel, heureux par les prérogatives déja dites, & proche

de l'Angle d'Orient : Il ne laiſſe
pas d'eſtre un peu contraire aux
bons effets de ces diverſes ſignifications, ſoit par ſes propres qualitez naturelles, ſoit pour ſe trouver dans le douziéme lieu de la
figure, maiſon tres infortunée.

Mais Venus dans la troiſiéme
& dans le Lion ſigne du Soleil,
au trine de Iupiter & de la Lune
Dame de l'Aſcendant, libre de
combuſtion & des mauvais regards de Saturne : Promet à cette Illuſtre perſone un continuel
bon-heur dans les petits voyages,
& l'eſtime l'amitié & l'affeƈtiõ de
ſes freres, de ſes parens & de tous
ſes aliez; avec une ſinguliere ſa-
tisfaƈtion & une tres parfaite intelligence.

Des Infortunes.

Come le bon-heur, le repos
& le contentement de la vie,
procedent à l'égard du Ciel de
Iupiter & de Venus les plus favorables des Planettes: les mal-
heurs, les traverses & les déplaisirs ne se reconnoissent que de
Saturne & de Mars, les plus malins de tous les Astres; de mesme
que de la douziéme, & de la si-
xiéme maison les plus infortu-
nées de la figure. Ces malheureux indices se prennent encore
du mauvais estat des luminaires,
& du Seigneur de l'Ascendant:
Mais plus essentiellement de la
Lune puissante en ses influences
& tres sensible aux diverses im-
pressions des bons & mauvais
Planetes.

Considerant donc en la dispo-

ſition de cette figure les cauſes
des Siniſtres effets qui peuvent
en quelque façon traverſer le
grand & le continuel bon-heur
de cette Illuſtre Princeſſe : j'en
marqueray ces Regles ſuivantes.

Les Luminaires, & les Seigneurs de l'Aſcendant loin de la
douziéme & de la ſixiéme maiſon
& puiſſans en cette Naiſſance,
ſont abſolument contraires aux
priſons, aux traverſes & aux maladies, aux mal heurs & aux ba-
niſſemens.

Venus Dame de la Pointe de la
douziéme maiſon, en la troiſiéme dans les dignitez du Soleil,
loing des Rayons au trine de Iupiter & ſans mauvais regard de
Saturne témoigne le ſemblable.

Mars Seigneur de la ſixiéme,
en la cinquiéme, dans ſes dignitez eſſentielles, libre de combuſtion & de malin aſpect ne ſigni-

fie que, le danger de quelques
maladies aiguës.

Saturne dans la douziéme maiſon, affligeant l'Aſcendant par ſa
préſence; & Mercure ſon Seigneur par ſon aſpect d'inimitié:
denotent un continuel empeſ-
chement, une fâcheuſe triſteſſe,
une ſolitude contrainte, & une
obſtination d'humeur contraire
à ſoy-même. Il menace encore
du peril de la priſon mais ſans effet;& comme Seigneur du milieu
du Ciel, il rend quelquefois la
ſupreme puiſſance ſuſpecte dans
les gemeaux ſigne de Mercure: il
doit faire aprehender la malice
des envieux les artifices des en-
nemis cachez, & la perfidie des
hommes âgez, ſuperſticieux &
monaſtiques. Et diſpoſiteur en
partie de la ſettiéme maiſon. Il
fait éclater les inimitiez & dé-
couvrant les mauvaiſes volontez

des envieux, il eſſaye par fois ou
de blaſmer les meilleures actions,
ou de condamner la bonne conduite, par le pouvoir qu'il a dans
le milieu du Ciel.

Mais la Lune dans la onziéme
plene de lumiére, jointe à Iupiter au trine de Venus libre des
mauvais rayons & Dame de l'Aſ-
cendan : promet une continuelle
ſeureté dans les dangers, une per-
petuelle victoire contre les enne-
mis, & une heureuſe & glorieuſe fin en toutes les traverſes d'honeur & de fortune. Tellement
que par le ſeul bon-heur d'une ſi
belle configuration, cette Illuſtre
Princeſſe ne peut jamais avoir
que de mediocres dêplaiſirs & ne
doit jamais perdre la confiance
de l'Eſpoir, d'une tres longue &
tres heureuſe vie.

Du Genre de la Mort.

Ie n'aprehende point de parler
de la mort d'une perſone dont les
éminentes vertus luy promettent
une ſeconde & plus glorieuſe vie.
Les ſignifications s'en tirent, de
la huitiéme maiſon, des luminaires, de l'Aſcendant, & de ſon
Seigneur : Mais principalement
de la Lune & du Planete qui a le
plus de pouvoir dãs la huictiéme.
Mon deſſein êtant donc icy de
parler bien plus de la qualité que
du temps de la mort ; & trouvant
en cette Naiſſáce beaucoup d'influences ſur ce ſujet diverſes &
contraires : j'en feray maintenant
une curieuſe recherche pour faire voir dans le mêlange de ces variables ſignifications, autant de
douceur dans les cauſes de la fin
de cette Illuſtre Princeſſe qu'el-

le eſpreuvera de felicité dans tout le cours de ſa longue vie.

Le Soleil, l'Aſcendant, & Mercure ſon Seigneur en des ſignes doux & benins, denotent une mort naturelle & ordinaire.

Le Soleil, la Lune, Mercure, l'Aſcendant, la huitiéme maiſon, & Saturne ſon Seigneur, ſans Aſpect malin de Mars : démontrent le ſemblable.

Saturne Seigneur de la Pointe de la huitiéme, bleſſant par ſa preſéce l'Aſcédant, & par ſon quarré Mercure, menace de mort violente tardive & en priſon : mais foiblement, ne faiſant qu'entrer ſeulement dans le douziéme de la figure.

Mais la Lune ſur la terre, de nuit, pleine de lumiere, jointe à Iupiter, & au trine partil de Venus, libre de combuſtion & des regards de Saturne, ſans pouvoir dans la huitiéme maiſon, & Dame de l'Aſcendant: délivre abſolument de mort violente & promet infailliblement une fin douce & naturelle aprés une longue & tres heureuſe vie.

Dont nous pouvons enfin conjecturer ſans diſſimulation & ſans flaterie, que ce fâcheux effet ne peut abſolument arriver que par une longue naturelle & douce maladie, cauſée par la triſteſſe de quelques ennuis, par la foibleſſe d'un âge avancé, ou par les déplaiſirs d'une ſolitude forcée.

Des Principaux Accidens de la vie.

Ce n'eſtoit pas aſſez de cette premiere & générale conoiſſance des figures Celeſtes; la curioſité des anciens a paſſé plus avant, &

cherchant dans le mouvement du premier Mobile la raison des principaux accidens qui nous ar-rivent : ils ont assez heureuse-ment êtably la science des dire-ctions, mais imparfaitemět pour les difficultez de la matiere. En quoy certainement ils sont excu-sables, comme tous ceux qui sui-vans leurs belles experiéces : pré-ferent les avantages de telles pre-dictions au blâme des legeres er-reurs, qui par fois s'y rencon-trent ; soit en la production des effets ou plus ou moins apparens, soit en la justesse du temps ou du nombre prefix des années.

Leur methode a toûjours été de diriger les principaux significateurs d'une Naissance, aux ray-ons des bons & des mauvais Pla-netes : & de prendre pour autant de degrez de l'Æquateur autant d'années de la vie, sans que la

forme de cette converſion ſoit
encore parfaitement découverte.
Et pour éviter auſſi des difficultez non moins importantes; ils
nous recomandent de verifier ou
mieux établir les Angles de la figure du Ciel : coimme i'ay faît en
la naiſſance de cette Illuſtre Princeſſe par les Directions paſſées
de l'Aſcendant à l'Antiſce de Saturne & au Sextil de Mercure,
& par celle du milieu du Ciel, à
l'Aſpect quarré de Saturne.

Puis donc que tant de ſujets
douteux & difficiles ne peuvent
empeſcher mon deſſein : je paſſeray ſans autre iuſtification au re-
cit des grandes & belles directiõs
de cette naiſſance; dont les avantageuſes promeſſes ne cedent
point aux admirables ſignifications de la figure.

Des Directions de l'Ascendant & du milieu du Ciel.

Environ l'année mil six cens cinquante cinq ſelon la Rectification de cette naiſſance. Le milieu du Ciel venant par direction à la Lune promet à cette Illuſtre perſonne la faveur & l'amitié de quelque Reine, ou grande Princeſſe, un ſubit accroiſſement de bon-heur, & de fortune; une action Illuſtre ou voyage celebre, une grande reputation & ou renommée fort étenduë, & un nouvel éclat de merite, ou de beauté, ſuivie d'un extraordinaire aplaudiſſement de tout le monde.

Dans la troiſiéme année apres l'effet de la précedente direction, le meſme ſignificateur arrivant au trine Aſpect de Venus; marque un favorable ſuccez dans les actions & dans les affaires, des honeſtes divertiſſemens, & a-greables converſations avec ſes a-mies, un accroiſſement de bon-heur, de richeſſe & de felicité; & plus d'Opulance, d'ornemens & de magnificence qu'à l'ordi-naire.

Quatre ans apres le trine de Venus l'Antiſce de Mercure ſuc-cede, & vient au milieu du Ciel; mais tant par la Nouveauté de cét Aſpect que par l'incertitude du mouvement de ce Planete je n'aſſeure que legerement des ef-fets de ſa Direction, ſoit en la Iu-ſteſſe du temps, ſoit en l'appa-rence de ſes promeſſes, qui ſont une augmentation de faveur, de credit & de fortune; des actions d'eſprit d'entendement de ſageſ-ſe & de prudence & beaucoup de reputation & de l'authorité dans le monde,

Huit ans apres les effets de la Direction du milieu du Ciel à la Lune, Iupiter arrive ; & ſe joint au meſme ſignificateur, par le mouvement du premier mobile : & promet alors à cette Illuſtre Princeſſe un grand & prodigieux accroiſſement de bonheur, de fortune, de richeſſe & d'Opulance, des grandes & nouvelles dignitez, un nouveau rang d'honeur, des titres plus élevez, & une puiſſance plus qu'ordinaire, la faveur & les ſervices des Roys, des Princes, des Prelats, & des plus Illuſtres de la Nobleſſe, des emplois dans les grandes & plus importantes affaires, par la reputation de la prudence de ſon eſprit & des ſuccez plus avantageux ſuivis de gloire d'aprobation, & de renomée.

Dans la cinquiéme année d'apres, l'Aſcendant vient aux bel-

les directions de Venus & du trine de la Lune : marquant une
heureuſe ſuite & confirmation,
des biens, des richeſſes & des pre-
cedentes felicitez, la poſſeſſion
d'une ſãté tres parfaite; un renouvellement des graces & des premieres beautez; un concert plus
curieux, & plus agreable en la
perſonne ; des contentemens, des
ſatisfactions, & des nouvelles ré-
joüiſſances, & un amour de ſoy-
meſme, un ſoin plus particu-
lier des ornemens & finalement
un bon-heur univerſel en toutes
choſes.

Onze ans paſſez depuis les grãs
effets de la direction du milieu
du Ciel à Iupiter, le meſme ſignificateur arrive à l'Antiſce du Soleil ; & peu de mois apres l'Aſcendant au quarré de Mars : la
premiére de ces directions promet à cette Illuſtre Princeſſe des
honeurs,

honeurs, de l'authorité du bon-
heur & de la reputation ; & la ſeconde la menace d'une courte
& legére maladie, cauſée par un
ſubit accroiſſement de chaleur
dans l'excez d'une trop bonne
complexion. Mais dautant moins
dangereuſe, par le ſecours favorable de Iupiter ; le trine duquel
ſuivant d'une année le Quarré
de Mars à l'Aſcendant, outre le
retabliſſement de la premiére &
parfaite ſanté : Promet encore de
nouveaux contentemens , de
Nouvelles richeſſes, des ſuccez
avantageux & une ſinguliére
Prudence.

Dix-neuf ans apres la direction
du milieu du Ciel à Iupiter, cét
Angle vient encore au trine Aſpect du Soleil : marquant une
longue & plus heureuſe ſuite
d'honeur, de gloire, de reputatiõ,
& de Puiſſance. Vne continuelle

& plus paisible possession des prosperitez; des grandeurs & des dignitez acquises & une augmentation de bon-heur dans le comerce de la Cour, & dans la conversation des Rois, des Reines, des Princes, & des grandes Princesses; sans que le quarré de Venus qui suit de quelques années puisse troubler en rien le cours de tant de felicitez.

Huit ans apres, le mesme significateur arrive à l'opposition de Mars: & menace alors cette Illustre Princesse d'une grande & soudaine querelle dans la Cour, ou parmy les siens; d'une courte & legere perte de biens, de faveur, de credit, & d'authorité; ou de quelque disgrace, éloignement, déplaisirs, & autres semblables mal-heurs, mais de peu de durée.

Dans la setiéme année suivant

la precedente direction, le milieu du Ciel vient au trine Aspect de Mercure : marquant des actions d'esprit, & de prudence, tant dãs le maniment des affaires publiques, que dans la conduite des particulieres ; un renouvellement de bon-heur, de puissance & de reputation ; & un attachement plus étroit aux intrigues du monde, suivy trois ans apres, de succez plus avantageux de nouveaux contentemens, de fortune plus favorable, par le mesme significateur à l'Antisce de Venus.

Quinze ans apres les effets de la direction du milieu du Ciel à l'Oposition de Mars, l'Ascendant se joint au Soleil par le mouvement du premier Mobile; promettant à cette Illustre Princesse, une tres parfaite & tres heureuse santé, de nouveaux sujets de Respect & d'admiration en sa

perſonne, l'eſtime & l'amitié des
Rois, des Princes & de la nobleſſe ; & un accroiſſement de
bon-heur , de ſatisfactions &
d'heritages.

Et finalement dans le cours des
années vingt-ſeptiéme & trente-
troiſiéme , ſuivant les meſmes effets de la direction du milieu du
Ciel à l'opoſition de Mars : ce
meſme ſignificateur vient au ſextil de Venus, ne marquant que de
favorables ſuccez ; & puis au
Quarré de Mercure, ne menaçant que de legeres inimitiez , ou
de querelles de peu de durée.

Des Directions de la Lune.

Dans la trentiéme année de
l'âge de cette Illuſtre Princeſſe la
Lune vient par direction à l'opo-
ſite de Mars, ſuivant les regles
les plus aprouvées : marquant a-

lors le danger d'une legére maladie ſans peril & peut eſtre ſans
effet ; par la forte conſtitution de
la Lune en la figure de cette naiſſance.

A ſoixante-ſept ans ou environ , ce meſme ſignificateur arrive à la conjonction de Saturne :
menaçant d'une longue & fa-
cheuſe maladie cauſée par les a-
bõdantes humiditez du cerveau
& de nature triſte froide & melã-
colique. Cette direction denote
encore de ſenſibles dêplaiſirs , de
faſcheux évenemens, de triſtes
ennuis, & de nouveaux ſujets d'a-
fliction dans les ſuccez des affaires tant generales que particulieres : mais probablement ſans ſui-
tes dommageables à la vie & à la
fortune, par la puiſſante diſpoſition de ce Planete & de toute la
figure celeſte.

Et dans le cours de l'année mil

ſept cens & trois ou approchant
la Lune arrive par direction à ſon
propre quarré : marquant un danger plus apparant de grande maladie : & ſelon les plus comunes
expériences, un plus éminent peril de mort; à quoy toutesfois
mon jugement ne peut conſentir
n'eſtimant pas cette cauſe aſſez
puiſſante pour achever une ſi belle & ſi glorieuſe vie. Car la Lune
ſignificatrice de la vie en cette
Naiſſance eſt comme nous avons
dêja dit, conjointe à Iupiter, au
trine partil de Venus, loing des
Rayons du Soleil, Dame de l'Aſcendant : plene de lumiére; ſans
pouvoir en la huitiéme maiſon;
& libre des mauvais regards de
Mars & de Saturne, & ſon Aſpect quarré en cét endroit peu fa-
tal & contraire à la vie, pour eſtre
dans le ſigne des Dignitez de ce

Planete & de Iupiter : & nulle-
ment infortuné par les témoi-
gnages des malefiques. Tellemét
que sans être poussé d'aucun des-
sein de flaterie, & sans sortir des
conoissances de cét art, j'ose assu-
rer que les jours de cette Illustre
Princesse ne feront point encore
bornez par cette direction, &
qu'allât au terme le plus éloigné,
elle épreuvera de rechef en ses
dernieres années, les belles influences du Ciel, par les heureu-
ses directions cy-dessus déja remarquées.

Que si ie n'augmente pas cét
ouvrage, du reste des Directions
de la Lune ; de toutes celles du
Soleil ; de la partie de fortune &
des autres Planétes significateurs:
des Iugemens des Revolutiõs du
Soleil & des Profections Annuel-
les & de tant de ridicules & or-
dinaires superfluitez ; ce n'est que

pour ménager la reputation de cette belle ſcience, tant de fois déchirée par l'imprudence des ignorans, ou par la trop ſuperſtitieuſe curioſité des ſçavans meſmes.

F I N.

HVGVES DE PAGAN,

Fondateur & Premier Grand' Maître de l'Or-dre des Templiers.

ENCORE que ce Heros ait pris sa Naissance dans l'Italie ; estant d'origine François, & sorty de la maison de Bretagne : Nous ferons revivre sa gloire en ce lieu, & les Eloges de ses Vertus se verront parmy celles de nos fameux Capitaines. Ses Ance-stres passans les Alpes avec Tancred de Normandie, environ l'an mil de nostre salut ; eurent part aux triomphes des Victoires remportées sur les Sarrazins, qui furent tous chassez des Royau-mes de Naples & de Sicile: Et par les beaux exploits qu'ils firent

www.ingramcontent.com/pod-product-compliance
Ingram Content Group UK Ltd.
Pitfield, Milton Keynes, MK11 3LW, UK
UKHW021445090726
13657UKWH00003B/1221